Atish Yadav
Divya Singh
Anil Kumar Singh

# Manual Prático de Fundamentos de Agronomia

Atish Yadav
Divya Singh
Anil Kumar Singh

# Manual Prático de Fundamentos de Agronomia

ScienciaScripts

**Imprint**



Cover image: www.ingimage.com

This book is a translation from the original published under ISBN 978-620-7-47162-1.

Publisher:
Sciencia Scripts
is a trademark of
Dodo Books Indian Ocean Ltd. and OmniScriptum S.R.L publishing group

120 High Road, East Finchley, London, N2 9ED, United Kingdom
Str. Armeneasca 28/1, office 1, Chisinau MD-2012, Republic of Moldova, Europe
Printed at: see last page
**ISBN: 978-620-7-97261-6**

# Índice

IDENTIFICAÇÃO DE CULTURAS E SEMENTES ........ 3

IDENTIFICAÇÃO DE FERTILIZANTES ........ 9

IDENTIFICAÇÃO DE PESTICIDAS ........ 13

IDENTIFICAÇÃO DE ALFAIAS DE LAVOURA E DE SEMENTEIRA ........ 16

ESTUDO DAS ZONAS AGRO-CLIMÁTICAS DA ÍNDIA E DE ODISHA ........ 30

IDENTIFICAÇÃO DAS PRINCIPAIS ERVAS DANINHAS NAS CULTURAS ........ 35

MÉTODOS DE APLICAÇÃO DE FERTILIZANTES E HERBICIDAS ........ 37

ESTUDO DOS CARACTERES QUE CONTRIBUEM PARA O RENDIMENTO E ESTIMATIVA DO RENDIMENTO ........ 42

TESTE DE GERMINAÇÃO DE SEMENTES ........ 46

VISITA PARA CULTURAS DE CAMPO NA EXPLORAÇÃO E NA ESTAÇÃO ........ 58

# Lista de experiências

| Exp. Não. | Data de expiração | Data de apresentação | Título | Página nº. | Assinatura | Observação |
|---|---|---|---|---|---|---|
| 1 | | | Identificação de culturas e sementes | | | |
| 2 | | | Identificação de fertilizantes | | | |
| 3 | | | Identificação de pesticidas | | | |
| 4 | | | Identificação das alfaias de lavoura e de sementeira | | | |
| 5 | | | Estudo das zonas agro-climáticas da Índia e de Odisha | | | |
| 6 | | | Identificação das principais ervas daninhas nas culturas | | | |
| 7 | | | Métodos de aplicação de fertilizantes e herbicidas | | | |
| 8 | | | Estudo do rendimento caracteres contribuintes e estimativa de rendimento | | | |
| 9(A) | | | Teste de germinação de sementes | | | |
| 9(B) | | | Teste de viabilidade das sementes | | | |
| 10 | | | Numérico sobre necessidade de fertilizante e população de plantas | | | |
| 11 | | | Numérico sobre herbicidas e necessidades de água | | | |
| 12 | | | Visita a culturas de campo na exploração e na estação | | | |

# Experiência n.º 1 Data

## Identificação de culturas e sementes

### Objetivo

Identificar as culturas e as sementes

### Classificação agronómica das culturas arvenses

As culturas arvenses podem ser classificadas da seguinte forma, de acordo com a sua importância económica:

**Cereais**

Um cereal é qualquer um dos componentes comestíveis do grão (botanicamente, um tipo de fruto),

O grão de cereal é um grão de trigo (chamado cariopse) de gramíneas cultivadas, composto de endosperma, germe e farelo. Os cereais são cultivados em maior quantidade e fornecem mais energia alimentar em todo o mundo do que qualquer outro tipo de cultura, pelo que são culturas de base. Os grãos comestíveis de outras famílias de plantas, como o trigo mourisco (*Polygonaceae*), a quinoa (*Amaranthaceae*) e a chia (*Lamiaceae*), são designados por pseudocereais.

A palavra "*cereal*" deriva de *Ceres*, a deusa romana das colheitas e da agricultura.

**Os painços** são um grupo de gramíneas de sementes pequenas altamente variáveis, amplamente cultivadas em todo o mundo como culturas de cereais ou grãos para forragem e alimentação humana.

O painço é uma cultura importante nos trópicos semiáridos da Ásia e de África (especialmente na Índia, Mali, Nigéria e Níger), com 97% da produção de painço nos países em desenvolvimento. A cultura é favorecida pela sua produtividade e pelo curto período de crescimento em condições secas e de temperatura elevada.

**Quadro 1.1 Identificação das diferentes culturas de cereais e painço**

| Sl. Não. | Nome comum | Nome botânico | Família |
|---|---|---|---|
| | | **Cereais** | |
| 1. | | | |
| 2. | | | |
| 3. | | | |
| 4. | | | |
| | | **Milhos** | |
| 1. | | | |
| 2. | | | |
| 3. | | | |
| 4. | | | |
| 5. | | | |
| 6. | | | |
| 7 | | | |
| 8. | | | |

**Impulsos**

O termo "leguminosas", tal como utilizado pela Organização das Nações Unidas para a Alimentação e a Agricultura (FAO), é reservado às culturas colhidas apenas para a semente seca. Exclui o feijão verde e a ervilha verde, que são considerados culturas hortícolas. Uma **leguminosa** é uma planta da família *Fabaceae* ou *Leguminosae*, cujo fruto ou semente é designado por **leguminosa**.

**Quadro 1.2 Identificação de diferentes culturas de leguminosas**

| Sl. Não. | Nome comum | Nome botânico | Família |
|---|---|---|---|
| 1. | | | |
| 2. | | | |
| 3. | | | |
| 4. | | | |
| 5. | | | |
| 6. | | | |
| 7. | | | |

**Sementes oleaginosas**

As culturas cujas sementes são ricas em ácidos gordos e que são utilizadas para extrair óleo vegetal para satisfazer diversas necessidades são conhecidas como culturas oleaginosas. Esta cultura é importante tanto para o consumo como para fins industriais. Na dieta humana, a porção de gordura é fornecida pelos óleos, que fornecem a energia necessária para o metabolismo, para além de darem sabor aos alimentos.

**Quadro 1.3 Identificação das diferentes culturas oleaginosas**

| Sl. Não. | Nome comum | Nome botânico | Família |
|---|---|---|---|
| 1. | | | |
| 2. | | | |
| 3. | | | |
| 4. | | | |
| 5. | | | |
| 6. | | | |
| 7. | | | |
| 8. | | | |

### Culturas de açúcar

Culturas destinadas à produção de açúcar e amido, como a cana-de-açúcar e a beterraba sacarina.

**Quadro 1.4 Identificação das diferentes culturas açucareiras**

| Sl. Não. | Nome comum | Nome botânico | Família |
|---|---|---|---|
| 1. | | | |
| 2. | | | |

### Culturas de fibras

Plantas cultivadas para obter fibras, tradicionalmente utilizadas para fazer papel, tecido, corda, etc. As fibras podem ser obtidas a partir da semente da planta ( fibra de semente), como o algodão, e do caule ou da casca da planta (fibra liberiana), como a juta, a mesta, o sunhemp, etc.

**Quadro 1.5 Identificação das diferentes culturas de fibras**

| Sl. Não. | Nome comum | Nome botânico | Família |
|---|---|---|---|
| 1. | | | |
| 2. | | | |
| 3. | | | |

**Narcóticos**

As plantas cultivadas ou os seus produtos que são utilizados para efeitos estimulantes são conhecidos como culturas estupefacientes, por exemplo, tabaco, canábis, etc.

**Quadro 1.6 Identificação de diferentes culturas de estupefacientes**

| Sl. Não. | Nome comum | Nome botânico | Família |
|---|---|---|---|
| 1. | | | |
| 2. | | | |
| 3. | | | |
| 4. | | | |

**Semente:** A semente é uma unidade de reprodução de uma planta com flor, capaz de se desenvolver noutra planta semelhante.

**Quadro 1.7 Identificação de diferentes sementes**

| Sl. Não. | Cultura | Nome científico | Família | Cor | Tamanho da semente |
|---|---|---|---|---|---|
| 1. | | | | | |
| 2. | | | | | |
| 3 | | | | | |
| 4. | | | | | |
| 5. | | | | | |
| 6. | | | | | |
| 7. | | | | | |
| 8. | | | | | |
| 9. | | | | | |
| 10. | | | | | |
| 11. | | | | | |
| 12. | | | | | |
| 13. | | | | | |
| 14. | | | | | |
| 15. | | | | | |

## Conclusão

**Assinatura do docente responsável**

# Experiência n.º 2 **Data**

## Identificação de Fertilizantes

### Objetivo

O aluno deve ser capaz de

- Estudar, identificar e conhecer as diferentes classes de fertilizantes.

As plantas absorvem um grande número de elementos do solo e de outras fontes durante o seu crescimento e desenvolvimento. De acordo com o estado atual dos nossos conhecimentos, dezassete elementos minerais são considerados essenciais na nutrição das plantas, sendo estes elementos conhecidos como nutrientes essenciais para as plantas. As plantas em crescimento têm três fontes de onde obtêm os nutrientes, como se indica a seguir:

**Quadro 2.1 Fontes de micro e macro nutrientes para as plantas**

| Macro nutrientes | Fonte | Micro nutrientes (vestigiais) | Fonte |
|---|---|---|---|
| Carbono | Ar | Ferro | Solo |
| Oxigénio | Ar | Manganês | Solo |
| Hidrogénio | Água | Boro | Solo |
| Nitrogénio (Principal) | Solo | Zinco | Solo |
| Fósforo (Maior) | Solo | Cobre | Solo |
| Potássio (Major) | Solo | Molibdénio | Solo |
| Cálcio (secundário) | Solo | Cloro | Solo |
| Magnésio (Secundário) | Solo | | |
| Enxofre (secundário) | Solo | | |

A partir do quadro acima sobre os nutrientes das plantas, verifica-se que a maior parte dos nutrientes é absorvida pelas plantas a partir do solo. A absorção de macro nutrientes é relativamente alta. Se estes nutrientes não forem adicionados ao solo, o estado de fertilidade do solo diminui. Por conseguinte, estes elementos devem ser adicionados ao solo através de estrume e fertilizantes.

### Fertilizantes

Qualquer material manufaturado artificialmente adicionado ao solo para fornecer um ou mais nutrientes às plantas é conhecido como fertilizante. O termo é geralmente aplicado a materiais inorgânicos.

**A classificação dos diferentes adubos é apresentada a seguir : Adubo simples**

Quando o fertilizante contém apenas um nutriente primário para as plantas, é conhecido como fertilizante simples. São também designados por adubos incompletos ou especiais.

**por exemplo:** a) Adubo azotado b) Adubo fosfatado c) Adubo potássico

**A) Adubos azotados**

Os adubos azotados podem ser classificados em quatro grupos, com base na sua forma química

(i) **Nitrato contendo :** O azoto está combinado como $NO_3^-$ (nitrato) com outros elementos.

**Por exemplo,** nitrato de sódio ou nitrato do Chile (16% N), nitrato de cálcio (15,5% N).

(ii) **Com amónio: Nestes** adubos, o azoto é combinado sob a forma de amónio ($NH_4^+$) com outros elementos.

**Por exemplo,** sulfato de amónio (20% N), fosfato de amónio (20% N), cloreto de amónio (24 a 26% N), amoníaco anidro (82% N), solução de amónio (20 a 25% N)

(iii) **C o m nitrato e amónio:** Estes fertilizantes contêm azoto sob a forma de nitrato e de amónio.

**Por exemplo,** nitrato de amónio (34% N), nitrato de cálcio e amónio (26% N), nitrato de sulfato de amónio (26% N)

(iv) **Com amidas:** estes adubos contêm azoto sob a forma de amidas.

**Por exemplo,** ureia (46% N) e cinamida cálcica (21% N)

**B) Adubos fosfatados**

Os adubos fosfatados podem ser classificados em três grupos, consoante a forma em que o ácido fosfórico é combinado com o cálcio.

Adubos fosfatados que contêm ácido fosfórico solúvel em água ou fosfato monocálcico Ca $(H_2PO_4)_2$ que pode ser absorvido rapidamente pelas raízes das plantas.

**Por exemplo,** superfosfato simples (16% $P_2O_5$), superfosfato duplo (32% $P_2O_5$), superfosfato triplo (48% $P_2O_5$), fosfato de amónio (20% $P_2O_5$).

**C) Adubo potássico**

Os adubos potássicos podem ser classificados em dois grupos, consoante a forma de K no adubo.

(i) **Adubos com K na forma de cloreto :**

**Por exemplo**, muriato de potássio (60% $K_2O$)

(ii) **Adubos que contenham K sob forma não cloretada:**

**Por exemplo**, sulfato de potássio (48 a 52% $K_2O$)

**Fertilizantes complexos**

**Adubos complexos incompletos:**
Fosfato de amónio (20-20-0)
Fosfato diamónico (18-46-0) Fosfato de ureia e amónio (28-28-0)

**Fertilizante complexo completo:**
Sulfala (15-15-15)
Suphala (18-18-9)
NPK (12-32-16)

**Fertilizantes mistos**
Uma mistura mecânica de dois ou mais materiais fertilizantes simples é referida como fertilizante misto ou mistura de fertilizantes.

**Quadro 2.2 Identificar os diferentes fertilizantes e preencher os dados indicados**

| Sl. Não. | Nome do adubo | Teor de nutrientes (%) | Cor | Forma física |
|---|---|---|---|---|
| 1. | | | | |
| 2. | | | | |
| 3. | | | | |
| 4. | | | | |
| 5. | | | | |
| 6. | | | | |
| 7. | | | | |
| 8. | | | | |
| 9. | | | | |
| 10. | | | | |
| 11. | | | | |
| 12. | | | | |

| | | | | |
|---|---|---|---|---|
| 13. | | | | |
| 14. | | | | |
| 15. | | | | |

## Conclusão

## Experiência nº 3 **Data**

# Identificação de Pesticidas

## 3.1Aim

Adquirir conhecimentos e identificar os diferentes pesticidas utilizados na agricultura

## Pesticida

Um pesticida é qualquer substância utilizada para matar, repelir ou controlar certas formas de vida vegetal ou animal que são consideradas pragas. O termo pesticida inclui todas as seguintes substâncias: herbicida, inseticida, nematicida, moluscicida, avicida, rodenticida, bactericida, repelente de insectos, repelente de animais, anti-microbiano, fungicida.

**Quadro 3.1 Tipos de pesticidas**

| Tipo de pesticida | Grupo-alvo de pragas |
|---|---|
| Algicidas | Algas |
| Avicídios | Aves |
| Bactericidas | Bactérias |
| Fungicidas | Fungos |
| Herbicidas | Planta |
| Insecticidas | Insectos |
| Miticidas ou Acaricidas | Ácaros |
| Moluscicidas | Caracóis |
| Nematicidas | Nemátodos |
| Rodenticidas | Roedores |
| Virucidas | Vírus |

**Informações sobre o rótulo dos pesticidas**

Os pesticidas estão disponíveis na forma sólida ou líquida. O rótulo dos recipientes deve indicar

a.e = Equivalente ácido ou a.i. = ingrediente ativo para sólidos e gm/lit a.i. ou a.i. para líquidos.

**Equivalente ácido**

Refere-se à parte de uma formulação que, teoricamente, pode ser convertida em ácido. Neste caso, o equivalente em ácido é indicado como ingrediente ativo ou o equivalente em ácido é indicado no rótulo.

**Ingrediente ativo**

É a parte de uma formulação química que é diretamente responsável pelo efeito pesticida. Assim, a produção comercial de pesticidas é composta por duas partes: a parte eficaz e a parte inerte. Uma vez que todas as recomendações são feitas com base no e.a. ou no e.i., torna-se necessário efetuar uma série de cálculos para determinar a quantidade de produto comercial necessária para uma determinada área.

**Quadro 3.2 Identificar diferentes pesticidas e preencher os dados indicados**

| Sl. Não. | Nome químico | Nome comercial | Ingrediente ativo (a.i. %) |
|---|---|---|---|
| **Herbicidas** | | | |
| 1. | | | |
| 2. | | | |
| 3. | | | |
| 4. | | | |
| 5. | | | |
| 6. | | | |
| **Insecticidas** | | | |
| 1. | | | |
| 2. | | | |
| 3. | | | |
| 4. | | | |
| 5. | | | |
| **Fungicidas** | | | |
| 1. | | | |
| 2. | | | |
| 3. | | | |
| 4. | | | |
| 5. | | | |
| **Bactericidas** | | | |

| | | | |
|---|---|---|---|
| 1. | | | |
| 2. | | | |
| 3. | | | |
| Nematicidas | | | |
| 1. | | | |
| 2. | | | |
| 3. | | | |

## 3.3 Conclusão

# Experiência n.º 4 	Data

## Identificação dos instrumentos de lavoura e de sementeira

### 4.1 Objetivo

O aluno deve ser capaz de

- Adquirir conhecimentos sobre as diferentes alfaias de lavoura primária, secundária e intercultural
- Identificar as diferentes alfaias de lavoura.

**A)** As alfaias de **lavoura primárias** podem ser de tração animal ou de tração animal. As alfaias de tração animal incluem principalmente a charrua indígena e a charrua de aiveca. As alfaias de tração animal incluem a charrua de aiveca, a charrua de disco, a charrua de subsolo, a charrua de cinzel e outras alfaias semelhantes.

## Arado e tipos

A principal alfaia para a lavoura primária é a charrua, utilizada para as operações de lavoura. Diferentes tipos de arado são utilizados em diferentes locais. Podem ser classificados como (1) Charrua indígena (2) Charrua de aiveca (3) Charrua de disco (4) Charrua de cinzel (5) Sub-solador (6) Charrua rotativa.

**Arado indígena**

A charrua indígena é a mais utilizada na Índia. A forma e a dimensão da charrua variam consoante os locais e as regiões, devido à variação dos tipos de solo e das necessidades de lavoura. As principais partes da charrua são as seguintes (i) Corpo (ii) Sapata (iii) Partilha (iv) Viga e (v) Cabo (VI) Cunha.

**(i)** **Corpo:** É a estrutura principal à qual estão ligados o sapato, a viga e o cabo. Fornece o peso necessário para a penetração da ação no solo.

**(ii)** **Sapato:** É geralmente uma peça em forma de pirâmide fixada ao corpo. Mantém a parte em posição. A sua função consiste em alargar o sulco aberto pela sacha e manter a alfaia em condições de equilíbrio no momento do trabalho.

**(iii)** **Partilhar:** É uma barra de aço estreita fixada à superfície superior do sapato longitudinalmente ao longo da linha central, enquanto a sua extremidade dianteira se projecta para além da ponta do sapato. Penetra no solo e quebra-o para o abrir.

**(iv)** **Feixe:** O feixe pode ser reto ou curvo. O feixe destina-se a transmitir energia à alfaia. O comprimento do feixe varia entre 2,4 e 3,6 metros.

**(v)** **Cabo:** O cabo está geralmente ligado ao corpo da charrua. É utilizado para guiar ou gerir as alfaias e também para aplicar a pressão durante o trabalho para obter a profundidade da lavoura.

(vi) **Cunha:** A cunha é uma pequena peça de madeira utilizada para fixar a parte firmemente no corpo e no sapato, de modo a obter um ajuste adequado para trabalhar eficazmente.

**Desenhar o diagrama de um arado indígena e mencionar as suas partes**

**Utilizações:**

**Arado de aiveca**

A charrua de aiveca é uma alfaia muito comum utilizada para a operação de lavoura primária. Esta charrua desempenha várias funções ao mesmo tempo.

**Componentes:** Os principais componentes da charrua de aiveca são: (i) aiveca (ii) lâmina (iii) Lado da terra (iv) Rã e (v) Peça da cauda.

**(i)** **Aiveca:** É a parte curva que levanta e vira a fatia do sulco. As aivecas são dos seguintes tipos: i). Objetivo geral ii). Tipo Stubble iii). Tipo Sod ou Breaker e iv). Tipo ripas

**(ii)** **Partilhar:** É a parte do fundo do arado que penetra no solo e faz um corte horizontal abaixo da superfície.

**(iii)** **Lado do solo:** É a placa plana que suporta e transmite o impulso lateral do lado traseiro do fundo da charrua para a parede do sulco.

**(iv)** **Rã:** É a parte à qual estão ligados os outros componentes do fundo do arado.

**(v)** **Peça de cauda:** É uma extensão ajustável, que pode ser fixada na parte de trás de uma placa de molde para ajudar a virar.

**Desenhar o diagrama da charrua de aiveca e mencionar as suas partes**

**Utilizações :**

**Arado de discos**

Trata-se de uma charrua que corta, vira e, nalguns casos, quebra as fatias do sulco por meio de grandes discos de aço montados separadamente. A charrua de discos é concebida com o objetivo de reduzir o atrito, fazendo um fundo de charrua rolante em vez de um fundo de charrua deslizante. A charrua de discos funciona bem nas condições em que a charrua de placa não funciona satisfatoriamente.

**Vantagens da charrua de discos:**

i. Uma charrua de discos pode ser forçada a penetrar no solo que é demasiado duro e seco para ser trabalhado com uma charrua de placa.

ii. Funciona bem em solos pegajosos, nos quais um arado de aiveca não raspa.

iii. É mais útil para a lavoura profunda.

iv. Pode ser utilizado com segurança em terrenos pedregosos e com muitos buracos, sem grande perigo de se partir.

v. Uma charrua de discos funciona bem mesmo depois de uma parte considerável do disco estar desgastada em solos abrasivos.

vi. Também funciona em solos soltos (como a turfa) sem grande obstrução.

**Desenhar o diagrama de um arado de discos e mencionar as suas partes**

**Utilizações:**

**Outras charruas**

**i. Arado de cinzel:**

É uma charrua utilizada para cortar solos duros por meio de um conjunto de túneis estreitos. É utilizada antes de se utilizar a charrua normal. É útil para romper camadas duras de solo logo abaixo da profundidade da lavoura normal. Esta camada de solo, designada por solo duro ou sola de arado, é muito dura e resistente.

**ii. Sub-solador:**

É uma charrua concebida para penetrar no solo a profundidades superiores às alcançadas durante a operação normal de lavoura. Normalmente, a profundidade da charrua pode ser de 40 cm ou mais. Ajuda a quebrar o solo duro, facilitando assim a drenagem de solos pesados, estimulando o crescimento de raízes profundas, para ajudar as culturas a resistir a condições de seca através da absorção de humidade das camadas mais profundas e do arejamento do solo.

**iii. Arado rotativo:**

É uma charrua utilizada para cortar e pulverizar o solo por impacto de força com a ajuda de um número de tynes rotativos ou facas que são montados num rotor horizontal. A charrua rotativa é também designada por motocultivador rotativo. É adequada para o cultivo superficial e o controlo de ervas daninhas.

**iv. Rotavator (montado num trator):**

É utilizado para a preparação da cama de sementes, o controlo de ervas daninhas, a mistura de resíduos de culturas e fertilizantes no solo e o empoçamento do solo.

**B)** **As alfaias de lavoura secundária** são utilizadas para criar uma camada de solo adequada para a sementeira e a plantação. Incluem diferentes tipos de grades, cultivadores, niveladores, trituradores de torrões e outras alfaias semelhantes.

## Harrow e tipos

Uma grade é uma alfaia que corta o solo a uma profundidade reduzida Existem vários tipos de grades utilizadas na Índia, tais como
(1) Grade de discos (2) Grade de dentes de mola (3) Grade de dentes de espiga (4) Grade de lâminas (Bakhar), etc.

### Grade de discos

A grade de discos é a mais utilizada na Índia. Efectua as operações de gradagem por meio de um conjunto (ou vários conjuntos) de discos de aço rotativos, e s t a n d o cada conjunto montado num eixo comum. As grades de discos são de dois tipos, consoante a potência das fontes.

(a) Trator puxado

(b) Animais desenhados.

### Componentes

A grade de discos é utilizada para partir os torrões durante a preparação das sementeiras. Tem geralmente seis ou oito discos fixados em dois grupos. A estrutura é robusta e é feita de aço macio, sobre a qual são montados os grupos com os discos. A estrutura possui também um assento para o operador. Normalmente, são fornecidas rodas de transporte para facilitar a deslocação da grade de um local para outro.
A grade de discos de tração animal é constituída principalmente por: i) disco, ii) estrutura da grade, iii) viga, iv) mecanismo de ângulo da grade, v) raspador, vi) espaçador (carretel), vii) cavilha, viii) eixo, ix) meio do pneu e x) rolamentos.

**Desenhar o diagrama de uma grade de discos e mencionar as suas partes**

**Grade de lâminas:**

A lâmina é normalmente utilizada para desempenhar várias funções na agricultura de montanha. As grades de lâmina são utilizadas para diferentes fins, tais como

(i) Remoção de ervas daninhas e restolhos

(ii) Trituração de torrões

(iii) Trabalhar o solo a pouca profundidade, cobrindo as sementes,

(iv) Intercultura e colheita de amendoim, etc.

**Desenhar o esquema de uma grade de lâminas e mencionar as suas partes**

**Outras grades**

**(A) Grade de dentes de espiga**

Trata-se de uma grade com cavilhas como peça de trabalho, montada numa estrutura rígida, articulada ou flexível. Os dentes em forma de cavilha com secção transversal em diamante estão fixados a uma estrutura retangular.

**Desenhar o esquema de uma grade de dentes de espiga e mencionar as suas partes**

**Funções da grade**

## 4.4. Cultivador

É uma alfaia comum utilizada em todo o país para efetuar várias operações de lavoura secundária. O cultivador pode ser puxado por um trator ou por um animal. O cultivador de tração animal tem duas filas de tirantes fixados à sua estrutura de forma escalonada. O principal objetivo da existência de duas filas escalonadas é proporcionar um espaço livre entre os tynes, de modo a que os torrões e os resíduos vegetais possam passar livremente sem bloqueio. Os outros cultivadores podem ser dos seguintes tipos: i) cultivador de discos, ii) cultivador rotativo, iii) cultivador Tyne.

**Desenhar o esquema de um cultivador e mencionar as suas partes**

**Funções do cultivador**

## C) Lavoura intercultural Implementos

As enxadas são os utensílios mais utilizados nas operações de intercultura. Existem vários tipos de enxadas, como enxadas de tração animal, enxadas de roda, enxadas de mão, etc.

**(i) Enxadas de tração animal**

Trata-se de uma verdadeira miniatura de grades. São frequentemente utilizadas para efetuar operações de intercultura em várias culturas de grande espaçamento.

**Partes das enxadas**

As partes principais das enxadas são as seguintes

(i) Cabeça (ii) Pinças (iii) Lâmina (iv) Feixe (v) Punho com pega

A cabeça é feita de madeira de rayan ou babul. O tamanho da cabeça e

A lâmina varia de acordo com a distância a que as diferentes culturas são levantadas. Os dentes e as lâminas são de ferro.

**(ii) Enxada de roda**

Trata-se de uma enxada com uma ou duas rodas. A enxada de roda é utilizada para a intercultura nas entrelinhas das culturas. Há uma roda ligada aos dois cabos, à qual está ligada uma ferramenta de trabalho. A roda é útil para guiar a ferramenta e manter a profundidade correcta. É útil para as hortas familiares. É constituído por: (i) Roda (ii) Eixo (iii) Estrutura (iv) Ferramenta de trabalho.

**(iii) Enxada manual ou enxada com ancinho**

Trata-se de uma ferramenta manual com lâmina(s), espátula(s) e, por vezes, disco(s) fixados a uma armação.

**Desenhar o diagrama de uma máquina de mão e mencionar as suas partes**

**Utilizações:**

**(D) Mondador de arroz**

A monda de arroz é um equipamento importante para a intercultura, utilizado na cultura do arroz. As variedades melhoradas de arroz são cultivadas em fileiras e, para manter as ervas daninhas afastadas, é utilizada esta alfaia. É utilizada para arrancar as ervas daninhas e enterrá-las no solo empoçado entre as fileiras de culturas.

**Desenhar o diagrama de uma sachadora de arroz e mencionar as suas partes**

## Implementos para sementeira

### Semeador

O semeador é constituído por uma viga de madeira à qual são fixadas 3 a 6 tinas. Estas tinas abrem os sulcos nos quais as sementes são lançadas. São feitos buracos nestas tinas e nestes buracos são colocadas as extremidades inferiores de tubos de sementes de bambu ou de metal. Estes tubos de sementes estão ligados no topo a um recetáculo de sementes de madeira chamado tremonha. As sementes são introduzidas a uma taxa uniforme "neste funil por mão de obra especializada que caminha atrás do semeador.

**Desenhar o diagrama do semeador e mencionar as suas partes**

**Utilizações:**

**Semeador de sementes de ferti-cum**

Os fertilizantes são colocados a uma profundidade de 5 cm e a 5 cm de distância das linhas de sementes para uma utilização eficaz dos fertilizantes. Ambas as operações, *nomeadamente a sementeira* e a aplicação de fertilizantes, são efectuadas simultaneamente por um semeador de sementes. É semelhante a um semeador, mas com dentes e tremonha adicionais para a sementeira de fertilizantes.

**Desenhar o esquema de um semeador-adubador e mencionar as suas partes**

**Utilizações:**

**Semeador mecânico**

O semeador é composto por um tambor de sementes com orifícios na placa inferior correspondentes ao número de tubos de sementes para passar as sementes para os tubos de sementes. Um disco rotativo tem orifícios numa trajetória circular e é mantido sobre uma placa inferior. Quando os orifícios do disco rotativo e da placa inferior coincidem, a semente cai no tubo a caminho do solo. A distância entre dois orifícios do disco rotativo é proporcional ao espaçamento entre fileiras da cultura.

## Conclusão

**Assinatura do docente responsável**

# Experiência n.º 5

Data ---

---------

## Estudo das zonas agro-climáticas da Índia e de Odisha

### Objetivo

Adquirir conhecimentos sobre as diferentes zonas agro-climáticas da Índia e de Odisha e sobre as culturas adequadas a cada zona.

### Zonas agroclimáticas da Índia

A Comissão de Planeamento, em resultado da avaliação intercalar dos objectivos de planeamento do Sétimo Plano, dividiu o país em **quinze grandes zonas agro-climáticas** baseadas na fisiografia, nos solos, na formação geológica, no clima, nos padrões de cultivo e no desenvolvimento da irrigação e dos recursos minerais para um planeamento agrícola geral e o desenvolvimento de estratégias futuras. Catorze regiões situavam-se em terra firme e as restantes nas ilhas da Baía de Bengala e do Mar Arábico. O principal objetivo era integrar os planos das regiões agro-climáticas com os planos estatais e nacionais para permitir o desenvolvimento de políticas baseadas em considerações técnico-agro-climáticas. No planeamento regional agro-climático, era possível uma sub-regionalização adicional com base em parâmetros agro-ecológicos.

- A zona agro-climática é uma unidade de terra em termos de climas principais adequados para uma certa gama de culturas e cultivares.

1. **Região ocidental dos Himalaias**

- Esta região estende-se por

--------------------------------------------------------------------------------------------------------------

- Precipitação anual-
- Culturas importantes-

**Principais condicionalismos**

- Os principais problemas desta região são a fraca acessibilidade, a erosão dos solos, os deslizamentos de terras, as intempéries e a inadequação das instalações de comercialização e armazenamento.
- A população é geralmente rural e pobre.

**Medidas para desenvolver esta região**

- Intensificar o planeamento da conservação do solo e da água.
- O planeamento dos serviços de utilidade pública deve ser implementado.

• Bom armazenamento para transporte, comercialização e transformação.
• Gestão da irrigação como técnica de recolha de água.

2. **Região dos Himalaias Orientais**

• Esta região estende-se por

---------------------------------------------------------------------------------------------------------------------

• Precipitação anual-
• Culturas importantes-

**Medidas para desenvolver esta região**

• Conservação do solo e da água para cada bacia hidrográfica.
• Educar as pessoas sobre os efeitos nocivos da erosão dos solos.
• Facilidades de bom fornecimento de factores de produção, comercialização, transporte, transformação e armazenamento.
• Adoção de sistemas agrícolas integrados.

3. **Planície do Baixo Ganges**

• Esta região estende-se por

---------------------------------------------------------------------------------------------------------------------

• Precipitação anual-
• Culturas importantes-

**Principais condicionalismos**
• Falta de uma boa gestão da água.
• Utilização de variedades locais.
• Menor utilização de HYV.
• Fornecimento inadequado de factores de produção.
• Má comercialização e transformação.
• Depende da monção.
• Agricultores sem instrução e pobres.

4. **Planície do Médio Ganges**

• Esta região estende-se por

---------------------------------------------------------------------------------------------------------------------

• Precipitação anual-

• Culturas importantes-

**5. Planície do Alto Ganges**

• Esta região estende-se por

---------------------------------------------------------------------------------------------------------------

• Precipitação anual-
• Culturas importantes-

**6. Planície transgangética**

• Esta região estende-se por

---------------------------------------------------------------------------------------------------------------

• Precipitação anual-
• Culturas importantes-

**7. Planalto e colinas orientais**

• Esta região estende-se por

---------------------------------------------------------------------------------------------------------------

• Precipitação anual-
• Culturas importantes-

**8. Planalto Central e Colinas**

• Esta região estende-se por

---------------------------------------------------------------------------------------------------------------

• Precipitação anual-
• Culturas importantes-

**9. Planalto e colinas ocidentais**

• Esta região estende-se por

---------------------------------------------------------------------------------------------------------------

• Precipitação anual-
• Culturas importantes-

**10. Planalto e colinas do sul**

• Esta região estende-se por

--------------------------------------------------------------------------------------------------------

- Precipitação anual-
- Culturas importantes-

11. **Planícies da costa leste**

- Esta região estende-se por

--------------------------------------------------------------------------------------------------------

- Precipitação anual-
- Culturas importantes-

12. **Planícies e Ghats da Costa Ocidental**

- Esta região estende-se por

--------------------------------------------------------------------------------------------------------

- Precipitação anual-
- Culturas importantes-

13. **Planícies e colinas de Gujarat**

- Esta região estende-se por

--------------------------------------------------------------------------------------------------------

- Precipitação anual-
- Culturas importantes-

14. **Região seca do Oeste**

- Esta região estende-se por

--------------------------------------------------------------------------------------------------------

- Precipitação anual-
- Culturas importantes-

15. **Regiões insulares**

- Esta região estende-se por
- 
- ......................
- Precipitação anual-

• Culturas importantes-

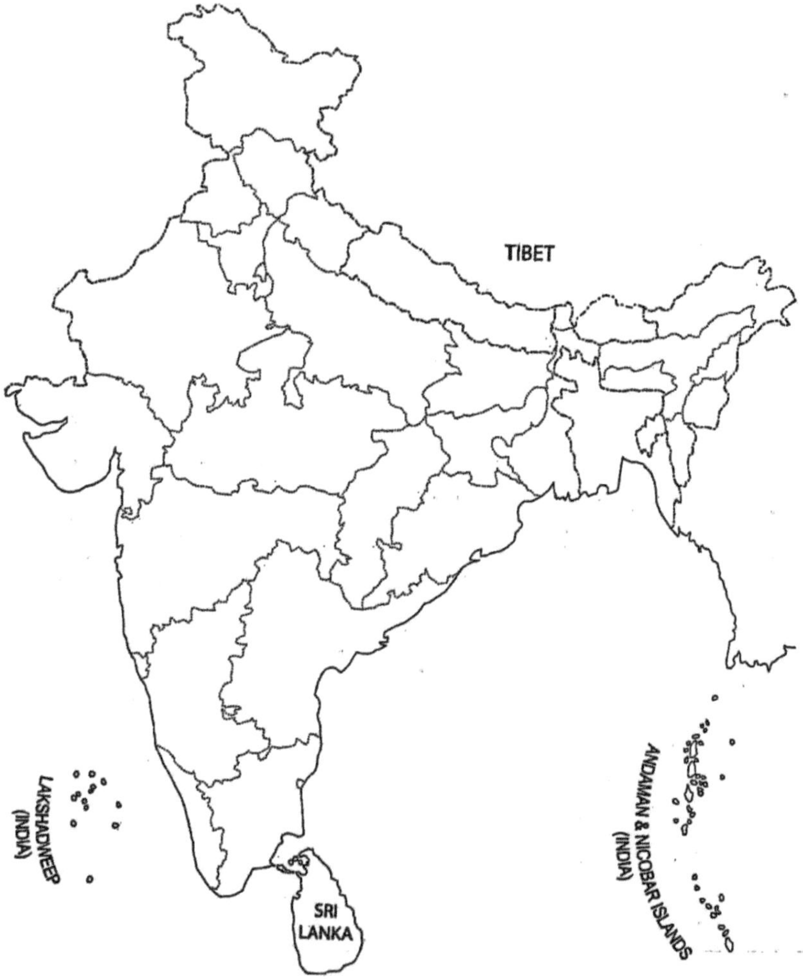


**Figura 5.1 : Indique no mapa as zonas agroclimáticas da Índia**

# Experiência nº 6 Data---

----------

## Identificação das principais ervas daninhas nas culturas

### Objetivo

Estudar, identificar e conhecer as ervas daninhas comuns da localidade.

As ervas daninhas são plantas indesejadas que crescem fora do lugar, onde não são desejadas. As ervas daninhas esgotam o ambiente das culturas em termos de nutrientes, cultura e luz. As ervas daninhas interferem e causam inconvenientes nas operações agrícolas. O rendimento das culturas e a qualidade dos produtos são consideravelmente reduzidos devido à infestação de infestantes. Por isso, é necessário identificar as ervas daninhas e tomar medidas de controlo adequadas.

### Observação

**Quadro 6.1 Identificação de diferentes ervas daninhas**

| Sl .Não. | Nome comum | Nome botânico | Família |
|---|---|---|---|
| 1. | | | |
| 2. | | | |
| 3. | | | |
| 4. | | | |
| 5. | | | |
| 6. | | | |
| 7. | | | |
| 8. | | | |
| 9. | | | |
| 10. | | | |
| 11. | | | |
| 12. | | | |
| 13. | | | |

| | | | |
|---|---|---|---|
| 14. | | | |
| 15. | | | |
| 16. | | | |
| 17. | | | |
| 18. | | | |
| 19. | | | |
| 20. | | | |

## Conclusão

**Assinatura do docente responsável**

# Experiência nº 7 Data--

----------

# Métodos de aplicação de fertilizantes e herbicidas

## Objetivo

Assegurar os métodos de aplicação de fertilizantes e herbicidas.

## Momento da aplicação do fertilizante Aplicação basal

**A. Antes da lavoura preparatória**

Os adubos orgânicos volumosos, os adubos verdes, os correctivos e os condicionadores do solo são aplicados antes da lavoura preparatória para uma mistura completa com o solo.

**B. Penso basal**

Aplicação de estrume e de fertilizantes antes da última lavoura / empoçamento ou antes da sementeira ou plantação.

**C. Na sementeira ou na plantação**

Durante este período, são aplicados adubos orgânicos concentrados, fertilizantes facilmente solúveis e de maior mobilidade, fertilizantes de libertação lenta, dose inicial de fertilizante N para culturas de leguminosas e fertilizantes para solos com deficiências específicas de nutrientes.

## Molho de cobertura

É a aplicação de estrumes e fertilizantes à cultura estabelecida durante o período de cultivo. A adubação de cobertura pode ser efectuada no solo ou na folhagem. A aplicação dividida de azoto e potássio é feita ao longo do período de cultivo para aumentar a eficiência da utilização de fertilizantes.

## Métodos de aplicação de fertilizantes sólidos e líquidos

**Métodos de aplicação de fertilizantes sólidos**

**A) Radiodifusão**

Espalhamento uniforme e homogéneo de estrume ou fertilizantes à mão em toda a superfície do campo durante o cultivo ou após a sementeira de sementes em culturas permanentes, designado por espalhamento em profundidade.

**i)Difusão na plantação**

A difusão de estrume e fertilizantes é efectuada aquando da plantação ou da sementeira das culturas, com o seguinte objetivo: distribuir uniformemente o fertilizante e incorporá-lo em parte ou em toda a camada da lavoura e aplicar quantidades maiores do que as que podem ser aplicadas com segurança no momento da plantação/sementeira com um semeador-adubador.

ii) **Molho de cobertura**

É a aplicação de estrumes e fertilizantes à cultura estabelecida durante o período de cultivo. A adubação de cobertura pode ser efectuada no solo ou na folhagem. A aplicação dividida de azoto e potássio é feita ao longo do período de cultivo para aumentar a eficiência da utilização de fertilizantes.

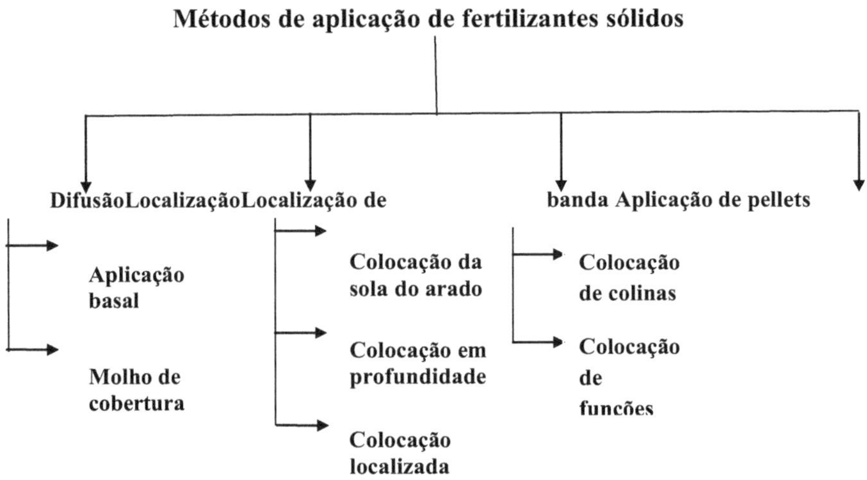


**Fig. 7.1 Métodos de aplicação de fertilizantes sólidos**

**B) Colocação**

Refere-se à colocação de fertilizantes no solo num local específico, com ou sem referência à posição da semente. A colocação de adubos é normalmente recomendada quando a quantidade de adubos a aplicar é pequena, o desenvolvimento do sistema radicular é deficiente, o solo tem um baixo nível de fertilidade e é necessário aplicar adubos fosfatados e potássicos.

**i)Colocação da sola do arado**

Neste método, o fertilizante é colocado no fundo do sulco da lavoura numa faixa contínua durante o processo de lavoura.

**ii) Colocação em profundidade**

É a colocação de adubos azotados amoniacais na zona de redução do solo, particularmente em arrozais, onde o azoto amoniacal permanece disponível para a cultura.

### iii) Colocação localizada

Refere-se à aplicação de fertilizantes no solo perto da semente ou da planta, a fim de fornecer os nutrientes em quantidades adequadas às raízes das plantas em crescimento. Os métodos mais comuns de colocação de fertilizantes perto da semente ou da planta são os seguintes

#### 1) Perfuração

Neste método, o fertilizante é aplicado no momento da sementeira por meio de um semeador-adubador. O fertilizante e a semente são colocados na mesma linha, mas a profundidades diferentes.

#### 2) Molho de acompanhamento

Refere-se à aplicação de fertilizantes entre as linhas e à volta das plantas. Os métodos comuns de adubação lateral consistem na colocação manual de fertilizantes azotados entre as linhas de culturas como o milho, a cana-de-açúcar, o algodão, etc., para aplicar doses adicionais de azoto às culturas em crescimento.

### C) Colocação da banda

Refere-se à colocação do adubo em bandas. A colocação em faixas é de dois tipos.

#### i)Colocação de colinas

É praticado para a aplicação de fertilizantes em pomares. Neste método, os fertilizantes são colocados perto da planta em faixas num ou em ambos os lados da planta.

O comprimento e a profundidade da faixa variam consoante a natureza da cultura.

#### ii) Colocação em linha

Quando as culturas, como a cana-de-açúcar, a batata, o milho, os cereais, etc., são semeadas em fileiras próximas umas das outras, o fertilizante é aplicado em faixas contínuas num ou em ambos os lados da fileira, o que é conhecido como colocação em fileiras.

### D) Aplicação de pellets

Refere-se à colocação de fertilizante azotado sob a forma de pellets a 2,5 a 5 cm de profundidade entre as linhas da cultura de arroz. O adubo é misturado com o solo na proporção de 1:10 e transformado em pequenos grânulos de tamanho conveniente para serem depositados na lama dos arrozais.

## Métodos de aplicação de fertilizantes líquidos

### A) Soluções para iniciantes

Refere-se à aplicação de uma solução de N, P2O5 e K2O na proporção de 1:2:1 e 1:1:2 a plantas jovens na altura da transplantação, especialmente para os produtos hortícolas. A solução de arranque ajuda ao estabelecimento rápido e ao crescimento rápido das plântulas.

**B) Aplicação foliar**

Refere-se à pulverização de soluções de fertilizantes contendo um ou mais nutrientes na folhagem de plantas em crescimento. A aplicação foliar é eficaz para a aplicação de nutrientes menores como o ferro, o cobre, o boro, o zinco e o manganês. Por vezes, os insecticidas também são aplicados juntamente com os fertilizantes.

**C) Aplicação através de água de irrigação (Fertirrigação)**

Refere-se à aplicação de fertilizantes solúveis em água através da água de irrigação.

**D) Injeção no solo**

Os adubos líquidos para injeção no solo podem ser de pressão ou de não pressão. O amoníaco anidro deve ser colocado em sulcos estreitos a uma profundidade de 12-15 cm e coberto imediatamente para evitar a perda de amoníaco.

**E) Aplicação aérea**

Em áreas onde a aplicação no solo não é praticável, as soluções de fertilizantes são aplicadas por aeronaves, particularmente em áreas montanhosas, em terras florestais, em pastagens ou em campos de cana-de-açúcar, etc.

## Métodos de aplicação de herbicidas

**Herbicida ativo no solo** Um herbicida ativo no solo é um herbicida que é aplicado principalmente no solo e não na vegetação. Dentro do solo, mata as ervas daninhas à medida que germinam ou inibe a germinação dos seus rizomas, estolhos e tubérculos.

**Ex:** simazina, alacloro, trifluralina e EPTC

**Os diferentes métodos de aplicação no solo são**

- Método de aplicação à superfície
- Camadas sub-superficiais
- Aplicação da banda
- Fumigação do solo

**Métodos de aplicação de herbicidas activos na folhagem**

Os herbicidas foliáceos são aplicados às infestantes após a sua emergência do solo. São absorvidos pela folhagem da planta e translocados para as outras partes da planta.

Por exemplo, o 2,4,5-T, o paraquato, o diquato, o MCPB, o amitrole e os óleos herbicidas são exemplos comuns de herbicidas foliáceos. Podem existir alguns herbicidas que são simultaneamente activos no solo e foliáceos, por exemplo, o 2,4-D, o piclorame e a atrazina.

**A) Aplicação em manta:** Trata-se de uma aplicação uniforme de herbicidas em culturas em pé, sem ter em conta a localização das plantas. Apenas herbicidas altamente selectivos são aplicados por este método, por exemplo, o 2,4-D no trigo e no arroz, o MCPB na ervilha, o 2,4-DB na luzerna e o piclorame na cana-de-açúcar.

**B) Pulverização dirigida**: É a aplicação de herbicida nas ervas daninhas que crescem nas entrelinhas da cultura, evitando o mais possível a folhagem da cultura. Um pré-requisito importante da pulverização dirigida é que o agricultor deve ter as suas culturas em linha bem desenvolvidas sobre as ervas daninhas no momento do tratamento. Os pomares e as plantações são bons locais para a pulverização dirigida de herbicidas. Normalmente, a pulverização dirigida é adoptada com herbicidas que são parcialmente selectivos para as culturas tratadas.

C) **Tratamento pontual:** O tratamento pontual consiste na aplicação de herbicidas em pequenas manchas de ervas daninhas, deixando sem tratamento os espaços livres de ervas daninhas. É utilizado para tratar manchas de ervas daninhas nocivas e perenes em certos campos de cultivo com herbicidas potentes. O tratamento pontual também é útil nas zonas não cultivadas para evitar o desperdício de herbicida nos espaços livres de infestantes.

D) **Pulverização protegida:** Os herbicidas não selectivos podem ser utilizados para obter um controlo seletivo das infestantes em produtos hortícolas e ornamentais plantados à distância, quer cobrindo as plantas não visadas antes da aplicação do herbicida com coberturas de plástico ou metálicas, quer pulverizando o herbicida por baixo de um pulverizador com capuz ou blindado. Este método é designado por pulverização protegida.

**Quadro 7.1. Enumere os diferentes métodos de aplicação de fertilizantes em diferentes culturas.**

| Sl. Não. | Cultura | Método de aplicação | Hora do pedido |
|---|---|---|---|
| 1. | | | |
| 2. | | | |
| 3. | | | |
| 4. | | | |
| 5. | | | |
| 6. | | | |
| 7. | | | |

## Conclusão

**Assinatura do docente responsável**

## Experiência nº 8 Data------ ------

# Estudo dos caracteres que contribuem para o rendimento e estimativa do rendimento

## Objetivo

Adquirir conhecimentos sobre os atributos de rendimento de diferentes culturas agronómicas e o rendimento

O potencial de rendimento das culturas/variedades pode ser acedido com base nos caracteres que atribuem rendimento. Diferentes culturas têm diferentes características de rendimento. Após a recolha de informações sobre estes atributos, pode ser calculado o rendimento teórico. Estas observações ajudam os agricultores a escolher uma cultura ou variedade adequada para o cultivo.

**Fórmula:**

| **Rendimento de grãos = Peso do grão simples x Número de grãos cheios/panícula x Número de panículas (m )$^2$** |
|---|

**1. Calcular o rendimento em grãos de arroz /ha, com os seguintes dados**

a) Peso do grão cheio = 0,015 g

b) Número de grãos cheios/panícula = 200 e

c) Número de panículas/m$^2$ = 200

**2. Calcular o rendimento em grãos de arroz /ha, com os seguintes dados**

a. Peso do grão cheio = 0,015 g

b. Número de grãos cheios/panícula = 200 e

c. Número de panículas/colina = 8

d. Número de colinas/m$^2$ = 25

**3. Calcule o rendimento de grãos de arroz /ha a partir das seguintes observações**

a. Peso de ensaio = 20 g

b. Número de grãos cheios/panícula = 180

c. Número de panículas / colina = 7

d. Espaçamento = 20 cm X 20 cm

**Fórmula**

**Área ($m^2$ ) x Peso do teste (g) x N.º de espigas/planta x N.º de grãos/espiga x N.º de sementes/linha Rendimento de grãos = ---------------------------------------------------------------------**

**--------------------------------**

**Espaçamento ($m^2$ ) X 1000 X 1000**

**4. Calcule o rendimento esperado de grãos de milho em kg /ha a partir dos seguintes dados**

a. Espaço-75 cm x 30 cm
b. N.º médio de espigas/planta-3
c. N.º médio de linhas de grão/cob-10
d. N.º médio de sementes/grão linha-20
e. Peso de ensaio das sementes - 220 g.

**Solução:**

Rendimento de grãos de milho em kg/ha=

**5. Calcular o rendimento esperado de uma parcela de 1000 $m^2$ de grama verde a partir das seguintes observações**

a. Espaçamento : 30 cm X 10 cm
b. Número de vagens / planta : 20
c. Número de sementes/ vagem : 10
d. Peso de 1000 sementes : 30g

**Solução :**

**Conclusão**

**Assinatura do docente responsável**

# Experiência nº 9 (A) Data--

--------

## Teste de Germinação de Sementes

**Objetivo:** Realizar testes de germinação e de viabilidade

A germinação é definida como a emergência e o desenvolvimento, a partir do embrião da semente, das estruturas essenciais que, para o tipo de semente em questão, indicam a sua capacidade de produzir uma planta normal em condições favoráveis.

### Princípios

Os testes de germinação devem ser realizados com uma fração de sementes puras. É necessário um mínimo de 400 sementes em quatro réplicas de 100 sementes cada ou 8 réplicas de 50 sementes cada ou 16 réplicas de 25 sementes cada, dependendo do tamanho da semente e do tamanho dos recipientes do substrato. O ensaio é realizado em condições favoráveis de humidade, temperatura, substrato adequado e luz, se necessário. As sementes não são submetidas a qualquer pré-tratamento, exceto os recomendados pela ISTA.

### Materiais necessários

**Substrato**

O substrato serve de reservatório de humidade e fornece uma superfície ou meio no qual as sementes podem germinar e as plântulas crescer. Os substratos normalmente utilizados são a areia, o papel de germinação e o solo.

**Areia**

1. **Tamanho da partícula de areia**

As partículas de areia não devem ser demasiado grandes ou demasiado pequenas. As partículas de areia devem passar pelo peneiro de 0,80 mm e ser retidas pelo peneiro de 0,05 mm.

2. **Toxicidade**

A areia não deve conter qualquer material tóxico ou qualquer agente patogénico. Se for detectada a presença de qualquer agente patogénico, a areia deve ser esterilizada num autoclave.

3. **Tabuleiro de germinação**

Quando utilizamos a areia, são utilizados tabuleiros de germinação para efetuar o teste. O tamanho normal do tabuleiro é de 22,5 x 22,5 x 4 cm. O tabuleiro pode ser de zinco ou de aço inoxidável.

**Método de colocação das sementes**

**A) Sementes na areia (S)**

As sementes são plantadas numa camada uniforme de areia húmida e depois cobertas com areia a uma profundidade de 1 a 2 cm.

**B) Topo da areia (TS)**

As sementes são pressionadas contra a superfície da areia.

4. **Espaçamento**

Deve-se dar um espaçamento igual em todos os lados para facilitar o crescimento normal das plântulas e para evitar o emaranhamento das sementes e a propagação de doenças. O espaçamento deve ser de 1 a 5 vezes a largura ou o diâmetro da semente.

5. **Água**

A quantidade de água a adicionar à areia depende do tamanho da semente. Para os cereais, exceto o milho, a areia pode ser humedecida até 50% da sua capacidade de retenção de água. Para as leguminosas de sementes grandes e o milho, a areia é humedecida até 60%

da sua capacidade de retenção de água.

**Papel**

Os substratos de papel mais utilizados são o papel de filtro, o mata-borrão ou a toalha (papel kraft). Deve permitir o movimento capilar da água, na direção vertical (30 mm de subida / min.). Deve estar isento de substâncias tóxicas e livre de fungos ou bactérias. Deve reter humidade suficiente durante o período de ensaio. A textura deve ser tal que as raízes das plântulas em germinação cresçam sobre o papel e não para dentro dele.

**Métodos**

**A) Topo do papel (TP)**

As sementes são colocadas em uma ou mais camadas de papel de filtro húmido ou papel mata-borrão em placas de Petri. Estas placas de Petri são cobertas com uma tampa e colocadas dentro da câmara de germinação. Este método é adequado para as sementes que necessitam de luz.

**B) Entre papéis (BP)**

As sementes são germinadas entre duas camadas de papel. As sementes são colocadas entre duas camadas de papel e enroladas em toalhas. As toalhas enroladas são colocadas no germinador em posição vertical

**Fórmula**

## Observação

**N.º de sementes germinadas**
**Percentagem de germinação =------------------------------------ X 100**
**Número total de sementes semeadas**

| Cultura | Número total de sementes semeadas | N.º de sementes germinadas | Germinação% |
|---|---|---|---|
| | | | |
| | | | |
| | | | |

## Conclusão

**Assinatura do docente responsável**

## Experiência n.º 9 (B) Data -------

-------

# Teste de viabilidade de sementes

## Objetivo

Determinar a percentagem de viabilidade com a solução TZ.

## Princípio

A reação TZ é uma reação bioquímica que se encontra no embrião vivo. O cloreto de 2, 3, 5-trifeniltetrazólio, que é incolor, transforma-se num 2, 3, 5- trifeniltetrazólio-formazão, de cor vermelha, estável e não difundível. Esta transformação é efectuada pela enzima desidrogenase.

## Requisitos

Sementes embebidas durante a noite, vidro de relógio, agulha/lâmina, solução de TZ a 1%, estufa e conta-gotas.

## Preparação da solução tampão e da solução de Tz a 1% com tampão

Solução nº 1: 0,9078 g de $KH_2PO_4$ são adicionados a 100 ml de água destilada. Solução no- 2:

1,1876 g de $Na_2HPO_4$ em 100 ml de água destilada.

Solução tampão: Mistura-se 30% da solução da solução 1 e 60% da solução da solução 2. Prepara-se agora a solução-tampão. O pH da solução-tampão situa-se entre 6-8 e é o melhor para a coloração.

## Procedimento

Numa primeira fase, as sementes embebidas durante a noite são desnudadas com a ajuda de uma agulha. Em seguida, 10 sementes sem revestimento são colocadas num vidro de relógio, com um conta-gotas. Adiciona-se uma solução de TZ a 1%. Mantém-se na estufa no escuro. A estufa é mantida durante 1-2 horas e a temperatura é mantida entre 35-40° C .

## Resultados

Os vidros de relógio são retirados da estufa e conta-se o número de sementes que retêm a cor vermelha no embrião. Neste caso, das 10 sementes tratadas, todas retêm a cor vermelha. A percentagem de viabilidade foi calculada utilizando a fórmula.

**Fórmula**

**Número de sementes que**
**conservam a cor Percentagem de viabilidade --------- =100**
**N.º total de sementes tratadas**

**Observação**

| Cultura | Número total de sementes semeado | N.º de sementes germinadas | Germinação% |
|---|---|---|---|
| | | | |
| | | | |
| | | | |

**Conclusão**

**Assinatura do docente responsável**

## Experiência nº 10 Data-- ---------

# Exercícios numéricos sobre as necessidades de fertilizantes e a população de plantas

## Objetivo

Compreender o cálculo da população de plantas e das necessidades de fertilizantes das culturas.

## Cálculo da população de plantas

O número de plantas numa determinada área depende da cobertura do dossel das plantas individuais. Se o vigor da planta for menor, a cobertura do dossel é menor e a necessidade de plantas por unidade de área será maior e vice-versa.

**Fórmula**

$$\text{População de plantas } (m^2) = \frac{\text{Área}}{\text{Distância linha a linha (m)} \times \text{Distância planta a planta (m)}}$$

**Problema**

**1. Calcule a população de plantas/ha, se o espaçamento de duas espécies de culturas A e B for (i) 20 cm x 20 cm (ii) 15 cm x 15 cm,**

**2. Calcule a população de plantas /ha, se o milho for cortado a um espaçamento de**

**(i) 75 cm X 25 cm (ii) 60 cm X 25 cm**

## Cálculo das necessidades de fertilizantes

Os cálculos de fertilizantes ajudam a calcular a quantidade correcta de material fertilizante a aplicar a uma determinada área à taxa recomendada. Para os cálculos de fertilizantes, são necessários os seguintes dados:

1. Taxa recomendada de fertilizante
2. Teor de nutrientes do material fertilizante
3. Área a ser fertilizada

**Fórmula**

$$\textbf{Quantidade de fertilizantes (kg/ha)} = \frac{\textbf{Dose recomendada de nutriente (kg/ha)}}{\textbf{Teor de nutrientes nos fertilizantes (\%)}} \times 100$$

Se o teor de fertilizante dois ou de nutrientes

$$\textbf{Quantidade de nutrientes (kg)} = \textbf{Quantidade de fertilizante} \times \frac{\textbf{Teor de nutrientes (\%)}}{}$$

**Problema**

**1. Calcular a quantidade de Ureia, SSP e MOP para fornecer 40-40- 40 kg N-P2O5- K2O numa área de 1 ha.**

**2. Calcular a quantidade de Ureia, SSP e MOP para fornecer 40-40- 40 kg de N-P2O5- K2O por hectare numa área de 5000 $m^2$ .**

**3. Calcular a quantidade de Ureia, SSP e MOP para fornecer 100-60- 50 kg N-P2O5- K2O por hectare.**

**4. Calcular a quantidade de Ureia, DAP e MOP para fornecer 40-40- 40 kg N-P2O5- K2O numa área de 1 ha.**

**5. Calcular a quantidade de Ureia, DAP e MOP para fornecer N-$P_2O_5$-$K_2O$ @ 60-20- 40 kg por hectare numa área de arroz de 3 ha.**

## Conclusão

**Assinatura do docente responsável**

# Experiência nº 11 Data-- ---------

## Exercícios numéricos sobre herbicidas e necessidades de água

### Objetivo

Conhecer o cálculo das necessidades de herbicidas e de água das culturas

### Cálculo do herbicida

**Fórmula**

**Taxa recomendada (kg/ha) x Área (ha) x**
**100 Necessidade de herbicida (kg ou litro) = ------------------------------------------------**
**-----**
**% de ingrediente ativo**

**Problema**

1. **Calcular a quantidade de hitlachlor 50 EC para aplicar butachlor @ 1,5 kg/ha numa área de 3 ha.**

2. **Calcular a quantidade de hitlachlor 50 EC para aplicar butacloro a 1,5 kg/ha numa área de 1 ha.**

## Cálculo das necessidades hídricas das culturas

**A necessidade de água das culturas** é a quantidade de água necessária para satisfazer a taxa de evapotranspiração para que as culturas possam prosperar. A taxa de evapotranspiração é a quantidade de água que se perde para a atmosfera através das folhas da planta, bem como da superfície do solo. Por conseguinte, para estimar as necessidades hídricas de uma cultura, é necessário medir primeiro a taxa de evapotranspiração. A taxa de referência, ET0, é a estimativa da quantidade de água que é utilizada por uma superfície de relva bem regada com cerca de 8 a 15 centímetros de altura. Uma vez conhecida a ET0, podem ser calculadas as necessidades hídricas da cultura.

**Métodos de medição das taxas de evapotranspiração das culturas**

Existem pelo menos dois métodos que podem ser utilizados para medir ou prever a taxa de evapotranspiração das culturas:

- Recipiente de evaporação
- Utilização de equações que prevêem a taxa de evapotranspiração com base em parâmetros climáticos.

**• Recipiente de evaporação**

Neste método, enche-se uma panela com água e mede-se a perda de água da panela. Desde que não haja precipitação, a taxa de evaporação, que é registada em milímetros por dia, é bastante fácil de medir. Este método de medição tem em conta o vento, a temperatura, a radiação e a humidade, que são os mesmos factores que afectam a taxa de transpiração das culturas.

**Fórmula**

$$ETo = K\ pan \times E\ pan$$

**Estimativa das necessidades hídricas da cultura**

A ET0 representa a taxa máxima, ou potencial, de evapotranspiração que pode ocorrer. No entanto, as necessidades hídricas da cultura são geralmente inferiores a ET0, uma vez que há factores da própria cultura que têm de ser tidos em conta.

Estes factores incluem a fase de crescimento da planta, a cobertura foliar que proporciona sombra ao solo e outras particularidades das culturas que as tornam diferentes umas das outras. Tendo em conta estes factores, a ET0 é convertida em ETc, através do coeficiente específico da cultura, Kc.

ETc representa a taxa de evapotranspiração da cultura em condições normais (sem condições de stress).

Ao calcular a ETc, é necessário identificar as fases de crescimento da cultura, a sua duração e selecionar o coeficiente Kc adequado que deve ser utilizado.

**Fórmula**

$$\mathbf{ETc = Kc\ X}\ {\scriptstyle ET0}$$

**ETc** = Necessidade hídrica da cultura
**Kc** = Coeficiente de cultura
**ET0**= Evapotranspiração da superfície livre da água

**Problema**

1. **Calcular a necessidade de água de uma cultura:**

Cultura: batata
Fase de crescimento: Crescimento inicial Kc para a fase inicial: 0,45
ET0 (medido por uma estação meteorológica local): 9 mm/dia

2. **Calcule as necessidades de água de uma cultura a partir dos dados fornecidos abaixo**

Cultura: Milho
Estádio de crescimento: vegetativo Kc para o estádio vegetativo: 0,8
ET0 (medido por uma estação meteorológica local): 9 mm/dia

**3. Calcule as necessidades de água de uma cultura a partir dos dados fornecidos abaixo**

Cultura: Arroz

Fase de crescimento: vegetativo Kc para a fase vegetativa: 0,9

$E_{Pan}$ (medido por uma estação meteorológica local): 10mm/dia $K_{Pan}$: 0.7

## Conclusão

**Assinatura do docente responsável**

# Experiência nº 12 Data-- ---------

## Visita para culturas de campo na exploração e na estação

Uma visita de estudo dá aos estudantes a oportunidade de se familiarizarem com as culturas importantes da localidade. Ficam a conhecer o clima, o tipo de solo, os métodos de irrigação, as operações agrícolas e de campo, as alfaias, as últimas variedades cultivadas, as alfaias melhoradas e indígenas, etc. Ficam também a conhecer os vários passos envolvidos na produção de sementes, caso esta seja uma das actividades da exploração. Do mesmo modo, podem observar outras actividades em curso na exploração.

### Materiais necessários

(i) Caderno de notas
(ii) Caneta esferográfica ou lápis
(iii) Se necessário, uma lancheira

### Procedimento

- Levar tudo o que é necessário e chegar ao colégio a tempo.
- Receber instruções do professor sobre a visita e sair da instituição à hora marcada, de modo a chegar à quinta com tempo suficiente.
- Apresente-se e fale sobre o objetivo da sua visita.

### Observações

**Quadro 12.1 Registe as seguintes observações no quadro seguinte**

| Sl. Não. | Nome da cultura | Raiz | Caule | Folha | Inflorescência | Altura | Frutos/grãos |
|---|---|---|---|---|---|---|---|
| 1. | | | | | | | |
| 2. | | | | | | | |
| 3. | | | | | | | |
| 4. | | | | | | | |
| 5. | | | | | | | |

## Conclusão

**Assinatura do docente responsável**

## Referências

1. Chandrasekaran B., Annadurai K e Somasundaram V. A Textbook on Agronomy, New Age International Publishers.

2. Das N.R., (2013) Principles manual on basic agronomy of Agronomy, Scientific Publishers.

3. Jat, A.R.; Arvadia, M. K. and Patel, S. A.J. A practical manual on introductory Agriculture and Principles of Agronomy. Departamento de Agronomia. Universidade Agrícola de Navsari.

4. Manual Nacional de Agronomia. Serviço de Conservação dos Recursos Naturais. Departamento de Agricultura dos Estados Unidos.

5. Prasad R., (2013) Text book of field crop production, Conselho Indiano de Investigação Agrícola

6. Reddy S.R., (2013) Agronomia das culturas arvenses, Kalyani Publishers

7. Singh S.S e Singh R., (2013) Principles & Practices of Agronomy, Kalyani Publishers.

8. Sarma Abhijit(2015) Numerical Agronomy, Kalyani Publishers

9.www.tnau.agriportal.

MIX
Papier aus verantwortungsvollen Quellen
Paper from responsible sources
FSC® C105338

Printed by Books on Demand GmbH, Norderstedt / Germany